Private Garden Design
European Style

私家庭院设计·欧式风格

刘 晖 主编

中国林业出版社

图书在版编目（CIP）数据

私家庭院设计　欧式风格／刘　晔　主编．－－北京：中国林业出版社，2012.4

ISBN 978-7-5038-6498-8

Ⅰ．①私… Ⅱ．①私… Ⅲ．①庭院－景观－园林设计 Ⅳ．① TU986．2

中国版本图书馆 CIP 数据核字（2012）第 026087 号

本书编委会
主　　编：刘　晔（深圳市原朴景观设计工程有限公司）
副主编：孔　强 陈礼军 文　侠 晏　海 李克俊 史莹芳
策　　划：⑪ 北京吉典博图文化传播有限公司
执行主编：李　壮

参与编写人员：
陈　婧 张文媛 陆　露 何海珍 刘　婕 夏　雪 王　娟 黄　丽 程艳平 高丽媚
汪三红 肖　聪 张雨来 陈书争 韩培培 付珊珊 高囡囡 杨微微 姚栋良 张　雷
傅春元 邹艳明 武　斌 陈　阳 张晓萌 魏明悦 佟　月 金　金 李琳琳 高寒丽
赵乃萍 裴明明 李　跃 金　楠 邵东梅 李　倩 左文超 李凤英 姜　凡 郝春辉
宋光耀 于晓娜 许长友 王　然 王竞超 吉广健 马宝东 于志刚 刘　敏 杨学然

中国林业出版社　　建筑与家居图书出版中心
责任编辑：纪　亮 李　顺
出版咨询：（010）83223051
——
出版：中国林业出版社（100009 北京西城区德内大街刘海胡同 7 号）
网站：http://lycb.forestry.gov.cn/
印刷：恒美印务（广州）有限公司
发行：新华书店北京发行所
电话：（010）83224477
版次：2012 年 4 月第 1 版
印次：2012 年 4 月第 1 次
开本：889mm×1194mm 1 / 16
印张：10
字数：100 千字
定价：39.80 元

造一处别院 享精致生活

致"私家庭院设计"丛书

"小桥杨柳色初浓，别院海棠花正好"，乍读此句，我们眼前已显现出这温润而美丽的春景。现代人的生活，当有现代人的追求，或田园生活的舒服与随意，抑或城市生活的快捷与便达。物质生活的富足让我们这些现代人有了追求不同生活的条件与权利。而与生活息息相关的居所，便成为我们努力去经营与创造的重点。

对于营造居所的设计师，或是居所的主人，要把我们带入到另一个境界，那是非常不容易的，这需要独到的思想和丰富的经验。为此，我们想用这一幅幅作品为大家展现别样的境界，这也算是我们编写此套书的初衷。整套书有四种风格，分别为中式、欧式、简约和混搭，也算是针对不同人的爱好和需要。我们想通过这些作品的展示，让追求美好生活的人们能找到些灵感，或那些已经有这么一处别院的人亲自设计一番。

"私家庭院设计"是一次别院空间设计的旅行，我们希望大家在这次旅行中能唤醒一些美的情愫，发现通往自己内心的另一条道路，从一幅幅作品中，我们也能看到设计师在为我们美好的生活而努力。而翻看此书，我们更希望大家能去追求真正美好而精致的生活。

在此，我们要感谢这些为我们提供作品的每一位设计师，或者是别院的主人，因为他们的追求，才使得我们能为更广大的你们呈现美好的画篇。

编著者
2012 年 3 月

Contents

目录

私家庭院设计/欧式风格

PRIVATE GARDEN DESIGN/EUROPEAN STYLE

The Hampton

19尊

Location: Shanghai，China　**Courtyard area:** 800 m²
Design units: Hostetler Zhang Studer (Shanghai) Co., Ltd.

项目地点：中国 上海市　　占地面积：800平方米
设计单位：豪斯泰勒张思图德建筑设计咨询（上海）有限公司

　　本案园林的设计对烘托建筑的大气与奢华起到了映衬的作用，大面积的草皮在庭院的设计中为欣赏建筑本身留出了开阔的空间，大的山石与草皮形成了强烈的材质与肌理对比效果，为烘托整体的奢华感起到了关键的作用，同样高大的乔木与低矮灌木和草皮形成的反差也有异曲同工的效果。花园的各个元素之间的过渡均采用柔和的过渡方式来处理，建筑与花园的边界采用开放式的形式来衔接，通过运用灌木及草本植物来处理草地与建筑的边缘，软化了建筑边界的生硬感，用石材铺砌的小径与建筑之间形成量化呼应，这种你中有我我中有你的设计手段成为成功的关键。

庭园以自然式的大草坪为中心，用乔木和灌木围合起来，营造了一个私密且开阔、明快的庭园空间。草坪的边缘是不规则的，用香樟、圆柏、广玉兰等高大的常绿乔木和桂花、海桐等灌木环绕，其下点缀茶梅、杜鹃等地被植物，形成丰富的景观层次。

樟树
海桐
桂花
柑橘
小叶女贞

私家庭院设计／欧式风格

PRIVATE GARDEN DESIGN/EUROPEAN STYLE

Connecticut Country House

康涅狄格州乡村别墅

Location: Connecticut, USA **Courtyard area:** 350 m²
Design units: Wesley Stout Associates

项目地点： 美国 康涅狄格 **占地面积：** 350平方米
设计单位： Wesley Stout Associates

这个庭院是偏向于欧美的乡村风格，中间几何图形的水池与周围相互对称的修剪平整的树木都凸显了欧美园林的特点。整个庭院是一个下沉的空间，用椴树架构了垂直空间后，又用低矮灌木虚隔了一个安静。整洁的休憩聚会场所。木质栅栏隔开了活动区与植物区，以及青石板与碎石铺成的道路，使乡村风格得到了升华。

SITE PLAN

修剪整齐的黄杨、灰莉、栀子花，还有其他植物独具匠心地组合在一起，装饰着庭园里这个幽静的角落。植物造型非常和谐，但是高度、色彩和质感又富于变化之美。

柳杉
松树
黄杨
栀子花
灰莉

Greenwich Residence

格林威治住宅

Location: Connecticut，USA　**Courtyard area:** 320 m²
Design units: Stephen Stimson Associates
项目地点: 美国 康涅狄格　**占地面积:** 320平方米
设计单位: Stephen Stimson Associates

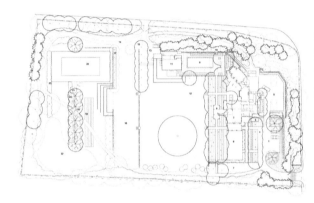

　　从入口到空旷场地，坐落了一个长方形喷水池，长长的青石，涓涓细流在小青石堰上。一排红色的枫树，一路青石散步，直通到前门。庭院面积非常大，恰当运用了欧美园林规则以及对称的特性，并且为了丰富层次，更少运用了高差，即使是修剪整齐的草坪或者密集种植的鼠尾草和麦冬都摆脱了高度与质感的相似。线性种植乔木虚隔出局部，却又用多年生草本植物联系各处，点、线、面相互联系，交融在整个庭院之中。

泓池两边沿石墙种植了多种多年生的夏花植物，如羽衣草、鸢尾、萱草和俄罗斯鼠尾草等，既软化了石墙生硬的线条，又增添了情趣。疏密有致的桦木林枝叶扶疏，姿态优美，干皮雅致，形成一道亮丽的风景。

桦树
萱草
羽衣草
俄罗斯鼠尾草
狼尾草
山麦冬
桂皮紫萁

Villengarten Krantz

克兰茨别墅，慕尼黑

Location: Munich, Germany　**Courtyard area:** 3000 m²
项目地点：德国慕尼黑　占地面积：3000平方米

　　别墅始建于1923年，具有典型的新古典主义风格，并于1980年进行了修缮改建。整个别墅花园的外部充满野趣的"自然"气息，内部则通过简洁明快的线条和简练的建筑语言来表达。各种高雅、高档材质的使用更加强化了这一设计理念，如自然石材以及青铜雕塑的使用等。花园主要分成三个部分，其中东面是别墅的主入口，入口处种植着经过修剪的黄杨和杜鹃花丛。

　　第二个部分是平台左右两侧以夏季为主题栽种的黄杨花坛。第三部分最大，是一片高出地面的草地，草地上有流水台阶，与赤褐色花盆中的黄杨绿篱相互映衬。一条常春藤靠背长椅，衬以修剪整齐的各类绿色植物组成树篱和肌理，形成了瀑布尽头的焦点。这片草坪区是突起的，周围用石质挡土墙支护。

　　斜坡草坪、形态各异的树篱和水景创建了不同寻常的景象。这些元素共同构成了由清新绿地、夏季情调和凉爽水域谱写的交响乐。

黄杨和欧洲红豆杉绿篱被修剪成简洁整齐的形状，强化了长方形的草坪。绿篱外围种植了高大的常绿和落叶乔木，将庭园围合起来，营造出一块明快别致、宁静悠闲的空间。盛开的樱花在背景林的衬托下繁花灿烂，如云似霞，极为壮观，形成"万绿丛中一点红"的画意。

樱花
红豆杉
黄杨
三色堇

私家庭院设计/欧式风格

PRIVATE GARDEN DESIGN/EUROPEAN STYLE

Passion Fruit No.28
白香果28

Location: Nanjing，China　**Courtyard area:** 200 m²
Design units: Nanjing QinYiYuan Lanscape Design Co.Ltd
项目地点：中国 南京　　占地面积：200平方米
设计单位：南京沁驿园景观设计艺术中心

　　本案的总体空间规划充分考虑了环境与建筑之间的关系，运用曲线造型作为南院的造型元素规避了庭院的大门与住户的大门直接贯通，曲线造型弱化了方正的场地形成的尖角面对建筑的室内空间。南院的入户区设计的比较别致，由弧形曲线围合而成的大门在轴线上正对着建筑的大门，为了在视线上避免两个门之间的对冲关系，设计师运用弧线的交叠关系使庭院大门的方向与建筑大门方向形成垂直的角度，大门面向东方，大有紫气东来之意，面对庭院的入口，大门变得隐蔽，只能看到优美的曲线作为空间的延展伸向庭院的深处。白色的涂料与红砖的围墙压顶呈现了维多利亚式的英伦之风。

海桐、金边大叶黄杨及红枫在树形、色彩和质感上形成鲜明的对比，万寿菊富有动感的曲线又将它们联系起来，这一组植物丛在庭园中形成了一道秀美的景观。

红枫
海桐
常春藤
金边大叶黄杨
万寿菊
月季

私家庭院设计／欧式风格

PRIVATE GARDEN DESIGN/EUROPEAN STYLE

Baijia Lake 38

百家湖38

Location: Nanjing，China   **Courtyard area:** 600 m²
Design units: Nanjing QinYiYuan Lanscape Design Co.Ltd
项目地点：中国 南京   **占地面积**：600平方米
设计单位：南京沁驿园景观设计艺术中心

　　南院靠河改造的亲水平台，以鹅卵石拼花图案、青石铺地面，突出清爽自然的乡野情趣，摆放在这里的休闲座椅表面由石头纹理构成，这些材质与地面的铺装材质相映成趣。南院靠北侧设计成大草坪，场地的周边用树木和植物作为该区域空间的围合景观元素，在视线上起到了遮挡的作用。大草坪北侧采用整石铺装的路径一直延展到北院的尽头，两个区域之间用木制的小门作为出入的空间过渡元素，给人以亲和感，北院内设置的小型蔬菜园，可使家人亲身体验田园乐趣；在此设置的晾晒区，满足了居家日常的使用功能。

蜿蜒的小径穿过富于起伏的草坪，两旁点缀着修剪成球形的红花檵木、金边大叶黄杨和红叶石楠等植物，给小路带来一种韵律和动感。

樟树
桂花
红花檵木
红叶石楠

Portland Garden No. 60

波特兰花园60号

Location: Beijing，China   **Courtyard area:** 300 m²
Design units: Msyard
项目地点： 中国 北京   **占地面积：** 300平方米
设计单位： 北京陌上景观设计有限公司

　　花园式庭院中，微微起伏变化的地形配以层次丰富的植物造景，隐蔽的卵石嵌铺的围合式引导路线，加上点景的枫树，再搭配上小溪流水，形成色彩鲜艳的北美庭院风格，带给人生机勃勃的自然之美，也带给人更多清新、放松、充满活力的感受。没有过多的注重功能形式，而是让人专注于庭院中的一花一草，亦能营造出层出不穷的视觉冲击。

　　在繁盛的植物间，点缀风格相宜的精致灯具、花钵、景石。于看似不经意的细节之处，总是能给人带来惊喜。

　　树形优美，色彩艳丽的红枫是整个庭园的视觉焦点，地面铺满了翠绿色的垂盆草，犹如一张绿毯，和红枫绚丽的色彩形成强烈的对比。草坪上还精心配置了其他观花、观叶地被植物，丰富景观层次。

红枫
八仙花
垂盆草

PRIVATE GARDEN DESIGN/EUROPEAN STYLE

Portland Garden No. 72

波特兰花园72号

Location: Beijing，China　**Courtyard area:** 500 m²
Design units: Msyard
项目地点：中国 北京　　占地面积：500平方米
设计单位：北京陌上景观设计有限公司

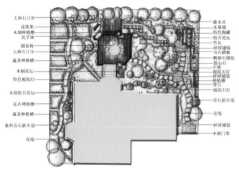

　　设计师在风格清新别致的景观庭院中，搭配素净洁白的花架小品、轻盈灵动的景观小亭，在处于庭院中心的圆形小广场上放置陶罐花钵作为视觉中心，各处景观分布庭院各角，其间以小径相连。庭院中的各种小品皆由白色的不同形式的网格构成，在构成元素上得以相互联系，使得整体风格更为统一，也给予了景观细部之间更为密切的联系。

红枫作为这组景观的视觉中心，在白沙砾的映衬下，愈发显得秀丽娇艳，玉簪、竹、麦冬等观叶植物稀疏地点缀在四周，营造出一种宁静、祥和的气氛。

红枫
鸢尾
令箭荷花
竹
八宝景天
蛇鞭菊
玉簪

Villa Courtyard, Palais De Fortune

财富公馆别墅庭院

Location: Beijing，China　**Courtyard area:** 482 m²
Design units: Dohe Beijing Landscape Dsign(beijing)CO.Ltd
项目地点： 中国 北京　　**占地面积：** 482平方米
设计单位： 北京道合盛景园林景观工程设计有限公司

　　庭院中，设计师保留了更多的绿地，为庭院中留出了更多的活动空间，以满足主人丰富的庭院生活的需求。庭院中各处景观小品、石桌等设于草坪中，以汀步相连，让各处休息空间依然置身于绿地之中。路端的对景石雕、台阶旁的花台、精致的围墙、铁艺，无不展示着庭院中的处处景观细节。

以一棵高大的玉兰为中心，环绕着雏菊和月季，春季雏菊繁花似锦，夏秋时月季灿烂，在房子前面构成了一个醒目的入口。垂吊在树上的矮牵牛丰富了景观层次，富有创意。

矮牵牛
金叶锦带
凤尾兰
月季
雏菊

私家庭院设计/欧式风格

PRIVATE GARDEN DESIGN/EUROPEAN STYLE

Urban Luxury House

城中豪宅

Location: Guangzhou，China　**Courtyard area:** 800 m²
Design units: SJDESIGN

项目地点： 中国 广州　　**占地面积：** 800平方米
设计单位： 广州·德山德水·园林景观设计有限公司　广州·森境园林·园林景观工程有限公司

　　花园入口处，大面积的花纹铺装以及拾级而上的欧式台阶，彰显着别墅的富贵、大气。建筑本身有多处可从不同角度鸟瞰全园的露台、平台空间，花园的景观处理上需要充分的照顾从高处而来的观景视线。大面积平整的草坪能满足主人举办一些大型酒会的需求，草坪旁一处宽阔水面及其跨水而过的小桥，是整个花园景观的点睛之笔。

　　樟树、罗汉松、黄杨等不同类型、不同大小、不同造型的植物在庭院里经过精心布置，形成高低错落、层次分明、疏密有致的景观群落。院墙上盛开着艳丽的叶子花，为庭园增加了一抹绚丽的色彩。

香樟
罗汉松
叶子花

Slope Villa, Imperial Landscape

帝景天成坡地别墅景观

Location: Nanjing，China　**Courtyard area:** 600 m²
Design units: Nanjing QinYiYuan Lanscape Design Co.Ltd

项目地点：中国 南京　　占地面积：600平方米
设计单位：南京沁驿园景观设计艺术中心

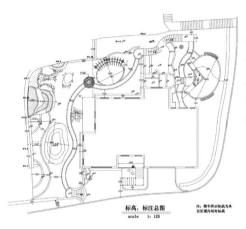

标高，标注总图
scale　1：125

注：图中所示标高为各
自区域内相对标高

单线设计的坡地式景观庭院，时而拾级而上，时而沿阶而下，充满变化和趣味性，证明了地形能够赋予景观更多的生命力。庭院中的各处景观皆沿园路而设置，如中心处带花架的休息平台、跨水而过的平桥、层层跌落的花池，沿园路自由变化的景观比比皆是。台阶边窄长的草地，平台处既临水又可远眺风光的庭院中心景观，种种形式各异的跌台花池，处处表现着设计师对景观细节的丰富的处理手法。

　　利用山坡地势修建的花坛与植物的流线有机协调，形成一种令人难以名状的风格，点缀在山坡上的红枫与地面修剪成球形的枸骨在形态、质感和色彩上形成有趣的对比。

鸡爪槭
香樟
枸骨
大叶黄杨
金叶女贞

PRIVATE GARDEN DESIGN/EUROPEAN STYLE

A Courtyard Of Eastern Provence Villa (European Style)

东方普罗旺斯（欧式）

Location: Beijing， China　**Courtyard area:** 800 m²
Design units: Beijing Yihe Yuanjing Landscape Engineering Design Co., Ltd.

项目地点：中国 北京　　**占地面积**：800平方米
设计单位：北京市宜禾源境景观工程设计有限公司

　　欧式庭院景观中，精致的铁艺、生动的人物雕像，都是设计中必不可少的元素。庭院中景观点主要设立在建筑入口平台四周或功能休息平台处，与建筑通过色彩相呼应。景观小品，多为几种景观一组，或铁艺与雕像一组，或铁艺与景石一组，或雕像与水景一组、或花池层叠而下配合灯光一组等形式，庭院景观细节之处由此可见一斑。

盛花的矮牵牛、万寿菊和宿根福禄考将造型各异、错落有致的花坛
装饰得多姿多彩，形成一道秀美绚丽的景观。

矮牵牛
宿根福禄考
万寿菊
牡丹
美国凌霄
金叶女贞

Royal Manor Villa Garden, Foshan

佛山山水庄园别墅花园

Location: GuangZhou，China　**Courtyard area:** 700 m²
Design units: Yuanmei Design
项目地点： 中国 广州　**占地面积：** 700平方米
设计单位： 广州市圆美环境艺术设计有限公司

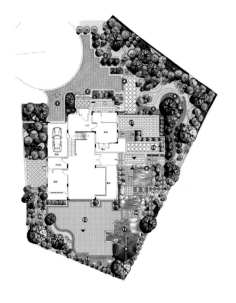

雨露凝新荔，青梅涩碧英。

遥听山有语，近观鸟啼鸣。

石涧攒花冷，林风集叶轻。

天然浑美玉，蔓草不须争。

　　在高差颇大的地形里做台地式景园，既巧妙地设计了多级跌水，又灵活地用植物弱化了阶梯，布置了休憩亭子、风水池、活动广场等。

花坛中两棵小叶女贞和红花檵木相互映衬和呼应，匠心独运的修剪，精美的造型，冠如华盖，高贵典雅，层次分明，景观效果非常好，与建筑搭配相得益彰，起着很好的烘托作用。

荔　枝
红花檵木
小叶女贞
麦　冬

PRIVATE GARDEN DESIGN/EUROPEAN STYLE

Forte Ronchamp 75-4

复地朗香75—4

Location: Nanjing，China　**Courtyard area:** 150 m²
Design units: Nanjing QinYiYuan Lanscape Design Co.Ltd
项目地点： 中国 南京　　**占地面积：** 150平方米
设计单位： 南京沁驿园景观设计艺术中心

　　本案的庭院空间并不富裕，通过设计师的精心规划，展示出收放自如的景观空间，整体尺度设计与功能之间的结合紧密而富于亲切感。进入庭院的大门便设有一个小的景观空间，运用绿植作为空间的前景并与紧邻的休闲平台区相连接，在进入庭院之前采用先抑后扬的空间手法作为欣赏庭院的第一感官；连接至建筑入口的是散落在庭院之中的石头汀步，沿路前行，开阔的草坪展现在人的眼前，空间变得开阔，心情自然随之变得豁然开朗；行至此处便可看到由防腐木制作而成的儿童沙坑以及紧邻客厅的休闲平台，在休闲平台上放置了木质户外家具，外侧有木质矮凳，可供多个亲友在此相聚并享受欢乐时光。

一些造型优美的赤陶罐中植满了开满鲜花的植物，精心布置在地面或景墙上，以修剪整齐的珊瑚树绿篱为背景，让这个角落显得郁郁葱葱、充满生机，成为人的视觉焦点。

桂花
珊瑚树
月季
美女樱
金鱼草

Favorview Palace

汇景新城

Location: Guangzhou，China　**Courtyard area:** 680 m²
Design units: SJDESIGN
项目地点: 中国 广州　**占地面积:** 680平方米
设计单位: 广州·德山德水·园林景观设计有限公司　广州 · 森境园林·园林景观工程有限公司

　　本案的建筑设计是典型的美式经典庄园的风格特征，庭院的设计风格延续了这种设计思路，体现了典雅、庄重的性格特征。庭院的总体主要由四部分组成：别墅前院广场区、西侧院景观区、下沉花园、观景平台。在总体规划中充分考虑功能区的划分与场地环境之间的关系，根据场地已有条件来组织功能的划分，营造实用别致的私家花园景观。本案原始建筑及场地的空间规划设计充分地体现了前庭后院的设计思想，并通过高差变化形成空间上的区分，利用下沉空间作为泳池等休闲空间，前庭及西侧留有狭长的花园空间。充分地利用建筑场地的因素将功能与环境有机地结合在一起是本案的特色。

植有山茶的装饰性盆栽按一定间距摆放，将人们的视线引向后面的绿建筑，背景中建筑的阳台上种植植物是一个很吸引人的创意，植物柔化了住宅的正立面，并营造出一个柔和、舒畅的绿色空间。

山茶
月季
肾蕨

私家庭院设计/欧式风格

PRIVATE GARDEN DESIGN/EUROPEAN STYLE

Jiande Nanjiao Villa

建德南郊

Location: Shanghai China **Courtyard area:** 500 m²
Design units: Shanghai Pufeng Landscape Design Project co.,ltd
项目地点: 中国 上海市　　占地面积: 500平方米
设计单位: 上海朴风景观装饰工程有限公司

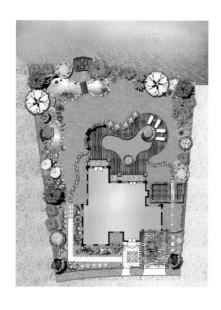

　　别墅庭院景观设计不同于大型的社区广场等的景观设计，其占地面积有限，几十平方米到几百平方米，对于设计师来说这是一个挑战。首先是空间尺度的把握，山石、水体、花木、地形、小品等必须适合这个空间，它们不是随意搬来的，也不是矫揉造作的，而是经过精心设计了的，可能不是最奢侈的，但是一定是最适合的，其次是意境的把握，设计是一门艺术，每一个作品都是一件艺术品，都有灵性和个性，而不是千篇一律的，每个庭院都有它自己的场地属性（别墅的风格、方位，场地的形状、大小，土壤的特性，地下管线等）。

设计师必须根据其不同属性，采取相应的设计方法，有的放矢，充分发挥想象力，才能创造出一个个形形色色，百花齐放的意境庭院，富有灵性和个性的艺术品。

私家庭院设计／欧式风格

PRIVATE GARDEN DESIGN/EUROPEAN STYLE

Oasis Island Villa

绿洲千岛

Location: Shanghai，China　**Courtyard area:** 600 m²
Design units: Shanghai Pufeng Landscape Design Project Co.,Ltd.
项目地点： 中国 上海市　　**占地面积：** 600平方米
设计单位： 上海朴风景观装饰工程有限公司

　　大盆的植物错落有致地码放在墙边，一部分小型花草被直接挂在墙上，瞬间丰富了建筑的色彩。阳台采用甲板，与白色藤编桌椅对应形成欧美风，大片草坪也将视觉界线丰富扩充。栽植小型灌木，同时借景其他地方高大乔木，节省了空间，同时也丰富了庭院内容。由于建筑呈砖红色，所以大红花卉最为相配，佐以其他淡色花卉，更突显其魅力。

郁郁葱葱的植物种在造型各异的花盆中，并沿着庭园边缘错落有致地摆，营造出一个别具韵味、格调高雅的庭园。攀爬在墙上的藤本月季和凌霄使墙面变得生机盎然。

月季
凌霄
金鸡菊
天竺葵
莸
花叶蔓
八仙花
金雀花

私家庭院设计／欧式风格

PRIVATE GARDEN DESIGN/EUROPEAN STYLE

Masterland Redwood Villa Garden

玛斯兰德红木林别墅花园

Location: Nanjing，China   **Courtyard area:** 360 m²
Design units: Nanjing QinYiYuan Lanscape Design Co.Ltd
项目地点：中国 南京   占地面积：360平方米
设计单位：南京沁驿园景观设计艺术中心

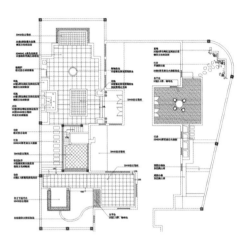

　　建筑丰富的空间，往往能够给予其空间的景观更多的层次。大的铺装平台中心设置种植池，一破一立，避免了大空间给人的空旷感。平台一端衔接兽头水景，一侧是不加过多修饰的廊架，周围搭配质感坚硬、颜色浓郁的植物，看似规矩的布置，不仅结合了景观，也实现了平台庭院的功能性。景观中材料、色彩与建筑的呼应，让景观与建筑交融于同一空间，相得益彰。

柿树叶片凋落后，挂在树枝上的红色果实非常引人注目，为庭园增添无限
趣，在古朴的石墙的衬托下，营造出朦胧的诗情画意。

竹
大叶黄杨
柿树
凤尾兰
黄杨

私家庭院设计/欧式风格

PRIVATE GARDEN DESIGN/EUROPEAN STYLE

A Villa In Panlong City F World European Garden

盘龙城F天下欧景园某别墅

Location: Wuhan，China   **Courtyard area:** 1200 m²
Design units: Wuhan Spring & Autumn Landscape Design Engineering Co., Ltd.
项目地点： 中国 武汉   **占地面积：** 1200平方米
设计单位： 武汉春秋园林景观设计工程有限公司

　　庭院中一处高大的欧式景亭给予景观庭院震撼的视觉中心，赋予庭院更强的观赏性。各处小品细节均以厚重的石材营造，契合庭院的主题景观风格。在庭院各处放置具象的动植物小品雕塑，让景观在厚重的风格中多了一丝灵动。周围茂密、自然的种植围合，乔、灌、草层层搭配，既让小院中拥有了更强的私密感，又柔化了小院中处处构筑的小品。刚柔并济，相得益彰。

　　盛开的杜鹃花让沉闷的花坛变得生机盎然，充满活力，花坛边缘自由攀爬的常春藤柔化了花坛边缘僵硬的直线，使花坛更为生动。

山茶
红叶石楠
黄杨
杜鹃花
常春藤

PRIVATE GARDEN DESIGN/EUROPEAN STYLE

Shanghai Villa Garden

上海别墅花园

Location: Shanghai，China　**Courtyard area:** 600 m²
Design units: Shanghai Taojing garden design Co.,Ltd.

项目地点： 中国 上海市　**占地面积：** 600平方米
设计单位： 上海淘景园艺术有限公司

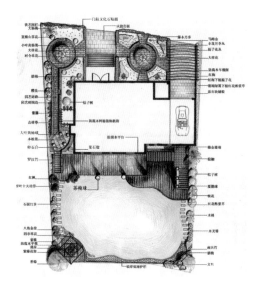

多层的私家庭院，因为高差的原因，总是会有更多的景观层次和更多的景观视角。红砖白瓦、简洁怀旧的建筑所与风格简练干净的庭园景观相得益彰。常见的元素与材质，在处理手法上搭配较为独特的分割和组合，带来明快的视觉效果。红色的木质小品、红色的混凝土砖，体现着建筑风格，刻画着上海风情。

大面积的草坪，将会是庭院里最大的娱乐场所。与建筑相接的木平台亦解决了上海多雨天气的不足，能在此观雨赏景，对于处在繁华都市的人来说确实是难得的享受。

多种香花植物的配置增添了庭园的趣味，夏季栀子花带来缕缕清香，金秋时节丹桂飘香，寒冬时节蜡梅暗香浮动。

蜡梅
桂花
珊瑚树
黄杨
栀子花
洒金桃叶珊瑚
紫香茶菜
金边黄杨

私家庭院设计／欧式风格

PRIVATE GARDEN DESIGN/EUROPEAN STYLE

Emerald Garden

上海绿宝园

Location: Shanghai，China　**Courtyard area:** 1000 m²
Design units: Shanghai Weimei Landscape Engineering Co.,Ltd.
项目地点：中国 上海市　　占地面积：1000平方米
设计单位：上海唯美景观设计工程有限公司

　　规则式宫廷园林与自然式园林相间赋予花园景观的多样性和明确的功能空间划分。规则式宫廷园林中，整齐、密集地划分了更多的细小空间，可供主人去发掘更多的使用功能。修绿篱、爬满植物的花架，与花架对景处放置的景亭、修剪规则的柏树，让这处空间显得更加静谧，一处水景穿插其间，营造出一处自然式园林的庭院景观。在远离建筑的地方，一处自然式庭院通过潺潺小溪与建筑相连。小桥流水、干净的草坪与建筑旁的规则式庭院形成鲜明的对比，给人以更大的心灵放松空间。

修剪整齐的黄杨、红花檵木和金叶女贞绿篱一同组成一幅精美、绚丽的彩画卷，尤其是红花檵木流动的曲线造型，将人们的视线引向爬满藤蔓植物的架，吸引前往探寻。列植于两旁的圆柏增加了空间的立体感。

香樟
圆柏
金边大叶黄杨
红花檵木
金叶女贞
黄杨

私家庭院设计/欧式风格

PRIVATE GARDEN DESIGN/EUROPEAN STYLE

Shanghai Oasis Chiangnan Garden

上海绿洲江南园

Location: Shanghai, China **Courtyard area:** 1500 m²
Design units: Shanghai Weimei Landscape Engineering Co.,Ltd.
项目地点：中国 上海市   **占地面积：**1500平方米
设计单位：上海唯美景观设计工程有限公司

　　绿洲江南园地处青浦朱家角生活区，临近淀山湖生态园区。区内全部为融景别墅，面积在295~645平方米，共有房型20余种，总栋数300户。值得一提的是，绿洲江南园紧靠古镇城区，在享尽湖光水色的同时，还融入了浓郁的水乡生活氛围，使居住者对文化生活产生新的感觉。

这条小径两侧种植了杜鹃花、栀子花、南天竺和桂花等观赏观叶植物，高低错落，整体景观和谐统一，营造出一种曲径通幽的感觉，尤其是当杜鹃开花时可使整条园路显得更加生动。

南天竺
桂花
沿阶草
栀子花
杜鹃

PRIVATE GARDEN DESIGN/EUROPEAN STYLE

Taojing's garden

上海淘景园艺公司花园

Location: Shanghai，China　**Courtyard area:** 50 m²
Design units: Shanghai Taojing garden design Co.,Ltd.
项目地点：中国 上海市　　**占地面积：**50平方米
设计单位：上海淘景园艺术有限公司

　　小巧的庭院配上别致的平面布置，在破与立的手法中亦张亦弛，收放有度，在竖向空间上以不同植物的搭配拉出层次。虽然面积有限，但在局促或规则的庭院中、在各式各样的园艺小品搭配下，显得丰富饱满而富有生活情趣。陶罐、景石、小品、几尾游鱼掩映在丛花中，处处生动，让人忘却了庭院的局促。

　　这是一个偏向于享受种植乐趣的庭园，里面有许多种植物，有木本也有草本，有观花植物，也有观叶植物，还有薰衣草和迷迭香等香草。这里不仅绿意盎然，也鲜花盛开，同时，池中的游鱼也增添了无限意趣。

龙爪槐
紫竹
罗汉松
蜘蛛兰
薰衣草
黄菖蒲
常春藤
栀子花
迷迭香

私家庭院设计/欧式风格

PRIVATE GARDEN DESIGN/EUROPEAN STYLE

Shanghai Yanlordtown Roof Garden 1

上海仁恒屋顶花园1

Location: Shanghai，China　**Courtyard area:** 150 m²
Design units: Shanghai Taojing garden design Co.,Ltd.

项目地点：中国 上海市　　占地面积：150平方米
设计单位：上海淘景园艺术有限公司

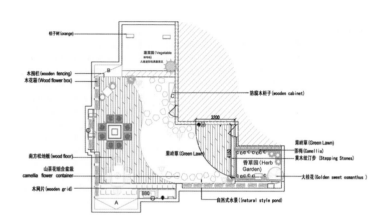

橙子树 (orange)
蔬菜园 (Vegetable area)
八角道砖铺满通道花池
木围栏 (wooden fencing)
木花箱 (Wood flower box)
防腐木柜子 (wooden cabinet)
果岭草 (Green Lawn)
茶椅 (Camellia)
果岭草 (Green Lawn)
黄木纹汀步 (Stepping Stones)
香草园 (Herb Garden)
大桂花 (Golden sweet osmanthus)
南方松地板 (wood floor)
山茶花组合盆栽 camellia flower container
木网片 (wooden grid)
BBQ
自然式水景 ((natural style pond)

　　花园为顶楼大露台，通过草坪与地板的柔美曲线，描绘出美丽的空中精灵。建筑出口，即是户外木地板，如绒毯一样的嫩绿草坪让人心情舒畅。植物高低错落有致，原本生长在地面的植物此刻在屋顶上自由地呼吸。主人特地开辟出了料理烧烤区，方便好客的主人举办聚会，宽大的木平台上摆放着精美的花园家具和阳伞，既实用，又给花园增添了一份温馨。果蔬区内种了枣树、石榴树、桃树，还预留了小朋友们种菜种花的小空间，体验收获果实的快乐。墙壁上的装饰网格与藤蔓植物相结合，使整个空间充满绿意。

在这个屋顶的平台花园中，种植几乎都是在容器中进行的，容器既可以种植不同的树木，也可以随着季节变化而种植不同的花草，这样易于变化和管理，并具有多样化的特点。

桂花
橘子树
芦荟
红枫
金边大叶黄杨
茶梅
栀子花
石菖蒲

Shanghai Yanlord River Roof Garden 2

上海仁恒屋顶花园2

Location: Shanghai，China **Courtyard area:** 150 m²
Design units: Shanghai Taojing garden design Co.,Ltd.
项目地点：中国 上海市   占地面积：150平方米
设计单位：上海淘景园艺术有限公司

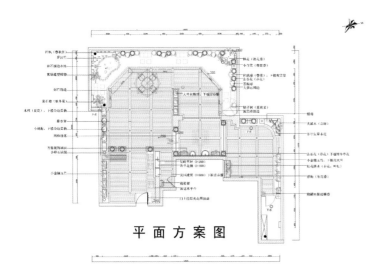

花园位于楼房顶层露台空间，因屋顶的种种束缚，种植多为灌木，并与草坪互相搭配，大多数植物置放于花箱中，主人可根据个人喜好随意放置，打破一成不变的模式使得庭院的景观具有自由组合的空间，亦给庭院生活中带来更多的乐趣。

平 面 方 案 图

在排水性好、利于植物生长的花台或花箱里种植常绿阔叶小乔木或灌木，使得庭园易于维护且一年四季风景常在，并在其中点缀其他观花或观叶植物来增加色彩，如月季、杜鹃和常春藤。

枇杷
山茶
大叶黄杨
常春藤
月季
杜鹃

私家庭院设计/欧式风格

PRIVATE GARDEN DESIGN/EUROPEAN STYLE

Shanghai Tomson 508

上海汤臣508

Location: Shanghai，China　**Courtyard area:** 300 m²

Design units: Shanghai Yuemen Landscape Design Consultants Co., Ltd.

项目地点：中国 上海市　　**占地面积：**300平方米

设计单位：上海月门景观设计咨询有限公司

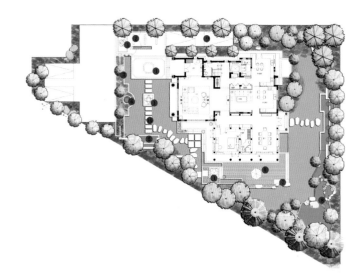

　　庭院空间契合建筑形式，分两个大的空间：一处为建筑三面围合的中庭空间，另一处接连建筑出口的开阔后院空间。中庭空间平整简洁，于建筑出口园路端头设一处水池对景，侧面喷泉雕塑点缀，小空间带来不少生气。后院空间较中庭空间的平整、规则，多了一些自然、随意，草坪空间一面水景环绕，并与木质平台空间相互衔接，四周绿篱围合，点缀乔、灌木，增加层次，让歇息于后院空间的主人有更多放松、惬意之感。细节处以方正、规则为基调，于铺装花纹、形式、小品中，又多了些变化。

抬高的花坛里种植了一株高大的桂花，桂花树形优美，在花坛的提升下更显挺拔和雄伟，在垂直方向上形成强烈的视觉效果，同时也和地面上的苏铁产生对比和呼应。

枇杷
苏铁
杜鹃

PRIVATE GARDEN DESIGN/EUROPEAN STYLE

Sheshan Dongziyuan

佘山东紫园

Location: Shanghai，China　**Courtyard area:** 550 m²
项目地点：中国 上海市　**占地面积：**550平方米

　　一处干净、宽阔、极富高差变化的庭院空间，让整个场地极具动感。茂密的种植、变化的地形，将场地分为贴近建筑的庭院区域及远离建筑的花园临水空间。贴近建筑处，规则图案造型的水面，层层平台空间，绿树灌木规则种植。汀步缓缓延伸，引出自然、野趣的临水空间，地形高低起伏，植被依势种植，引导至一水面处，河岸自然更显生态之感，更具自然景观特色。与邻家建筑间是一处庭院入口，因为此处较单纯的功能空间，没有过多的绿树遮挡，也将邻家景观引入其间。嵌草铺装整齐、细致，让地面铺装更具特色。贴近建筑的庭院处层层花池、绿树环绕分割，使此处院落更显静谧。各空间转折处，设形态各异的盆花或景石，点景处处，更突显景观细腻之处。

沿着蜿蜒曲折的小径两侧布置了云南黄馨和竹林，云南黄馨下垂的枝条，使得园路显得生动自然，竹竿的垂直动势和重叠错落，给人以深远、幽静的感觉，营造出一种山间小道的氛围。

竹
珊瑚树
南迎春

私家庭院设计／欧式风格

PRIVATE GARDEN DESIGN/EUROPEAN STYLE

Purple Kylin Hill

深业．紫麟山

Location: Shanghai，China　**Courtyard area:** 300 m²
项目地点： 中国 上海市　**占地面积：** 300平方米

庭院空间方正规则，于中心处设一泳池，平台、雕塑、水景喷泉等景观围绕泳池而设，既满足庭院各种功能又营造景观特色。庭院四周种植茂密，绿树成荫，乔灌搭配，尽显层次之感。于庭院一角，种植一株大树，衬于水景雕塑之后，成为庭院中的视觉中心。规则之处亦见层层变化，最后使视线集于一点，让景观生动而富有韵律。

高大的散尾葵排成一排，形成一道若隐若现的绿色屏障，时，其优美的树形、秀丽的叶片以及高低错落的曲线在庭中构成一幅迷人的景色。泳池周围配植了一些乔木和花，既增添了情趣，也带来了宜人的凉爽。

散尾葵
鸡蛋花
桂花
月季花
洒金桃叶珊瑚

PRIVATE GARDEN DESIGN/EUROPEAN STYLE

Noble Villa

世爵源墅

Location: Beijing，China　**Courtyard area:** 120 m²
Design units: Msyard
项目地点： 中国 北京　**占地面积：** 120平方米
设计单位： 北京陌上景观设计有限公司

庭院中，白色的小品、栅栏、构筑造型干净、轻盈，不带一丝世俗气息，庭院中的绿植空间以草坪为主，加入低矮的花卉和灌木，让整个庭院空间的草坪之上层次丰富，再配合白色的小品营造着一处浓郁的乡村风情。

　　黄色（金光菊）、紫色（穗花婆婆纳）、粉红色（韭兰）、银色（银叶菊）相互点缀，显得格外耀眼，尤其在粗石墙背景的映衬下，尽显自然、野趣的情调。

金光菊
银叶菊
穗花婆婆纳

私家庭院设计／欧式风格

PRIVATE GARDEN DESIGN/EUROPEAN STYLE

Thames Town

泰晤士小镇

Location: Shanghai，China　**Courtyard area:** 368m²
Design units: Shanghai Minjingxing Gardening Engineering Co., Ltd.

项目地点：中国 上海市　占地面积：368平方米
设计单位：上海闽景行园林绿化工程有限公司

　　大草坪提供了开阔的庭院空间，环形的路径将廊架与水景花卉观赏区等联系在一起；小径与草坪为主人提供了不同的体验空间和观赏空间，驻足草坪之上环顾四周，满眼的绿色葱葱与繁花似锦，在不同的花季宿根的花草与常绿的灌木与乔木形成了丰富的景观层次空间，廊架上攀爬了两种植物装饰，一种是凌霄、一种是玫瑰，廊下的人在变化的色彩空间中前行，纷繁的美景令人陶醉。

灌木造型同周围的景观风格协调一致，同时，其鲜明的几何外形天然不加修饰的背景下又显得非常别致。庭园的边缘配植了几株桂花，当金秋时节桂花开放时，庭园中将弥漫着桂花香，令人感觉舒畅愉。

珊瑚树
红花檵木
月季
黄杨
桂花

私家庭院设计/欧式风格

PRIVATE GARDEN DESIGN/EUROPEAN STYLE

Swan Lake

天鹅湖

Location: Chengdu，China　**Courtyard area:** 380m²
Design units: Chengdu Green Art Garden Landscape Engineering Co., Ltd.
项目地点： 中国 成都　**占地面积：** 380平方米
设计单位： 成都绿之艺园林景观工程有限公司

　　本案的景观装饰小品与功能结合紧密，充分营造了轻松浪漫的氛围，在空间的规划中利用各个元素的复合性来提高景观空间的使用效率，既满足了视觉欣赏的需求也实现了户外生活的功能，是一个创意性极佳的迷你型庭院设计经典。通过这个案例可以得到的启示是：如果您的私家住宅中有一个不大的露台或屋顶想种植物，希望它既能够很方便地打理植物，又能适当的美化环境，那么设计可移动的花器是最好的选择。装饰植物的种类尽量以低矮的小灌木和草花为主。这样植物可以按照适宜的组合形式摆放，并可靠近建筑墙壁。这样做既能够避免植物被风吹倒，也不影响活动区域。如果您露台上有大面积的墙壁，爬藤植物将是个非常好的选择，可以将露台的观赏点转化成立面的形式。如果预算允许，设计一些具有装饰性的木网片安装在墙壁上，再配上爬藤类的植物，种植的乐趣就更多了。

因地处半户外空间，光照相对较弱，因此植物多选择耐阴性稍强的观叶植物，如肾蕨、春羽和孔雀竹芋等。但变叶木属喜光性植物，整个生长期均需充足阳光，茎叶才会生长繁茂，叶色鲜丽，特别是红色斑纹，才更加红艳。

山茶
海芋
白兰花
变叶木
茶梅

私家庭院设计／欧式风格

PRIVATE GARDEN DESIGN/EUROPEAN STYLE

Dream Garden No. 22

天籁园22号

Location: Shanghai，China　**Courtyard area:** 150 m²
Design units: Shanghai Pufeng Landscape Design Project Co.,Ltd.
项目地点：中国 上海市　　占地面积：150平方米
设计单位：上海朴风景观装饰工程有限公司

　　花园是一个媒介，承载着都市繁华背后的宁静，四季的更替。从走进花园那一刻开始，舒心的颜色，柔和的植物，我们求静的心理诉求便得到了满足。

　　阳光下的茶歇，风车随风摇摆，偶有小鸟片刻的停留，家就在这大自然中轻轻绽放，和饱含对绿色的情有独钟，对生活的希望。

　　这个庭园角隅的绿化层次丰富，从上到下依次配植了合欢、石榴、紫薇、石楠、红花檵木、银杏、银叶菊、四季秋海棠等植物，多层次的绿化将庭园营造得异常热闹。

合欢
石榴
红花檵木
银叶菊
紫薇
银杏
四季秋海棠

私家庭院设计/欧式风格

PRIVATE GARDEN DESIGN/EUROPEAN STYLE

Vanke Rancho Santa Fe

万科. 兰乔圣菲

Location: Shanghai，China　　**Courtyard area:** 300 m²

Design units: Shanghai Hothouse Garden Design Co.,Limited

项目地点：中国 上海市　　占地面积：300平方米

设计单位：上海热坊（HOTHOUSE）花园设计有限公司

　　庭院中，形态各异的陶罐花钵或散置、或规则序列摆放其间，在这处以硬质铺装为主体基调的庭院中形成主要绿色景观。泳池作为庭院最大的功能空间和水体景观，置于庭院的中心位置，在泳池一端设景亭一处，加入布幔躺椅，形成庭院中景观的制高点。陶罐花钵环绕庭院周边一直延伸入建筑连廊，成为整个庭院的主体景观元素，元素风格亦代表这个庭院空间的风格，如在建筑室内中处处布置相似花钵，则室内、室外风格因此统一、呼应。

　　在建筑另一侧，花架、餐桌、壁炉，室外功能空间一应俱全，室外的纳凉、聚餐，或是夜晚的炉火、烛光，尽显生活情调。陶罐花钵延伸至此，相较于泳池空间，又多了更多的景观小品或摆设。壁炉上的天使、烛台、石雕，以及铁艺的灯具、精细的台阶花纹、墙壁的兽头石雕，更显华贵的景观风格。泳池两端分设两处景亭，一侧高起，一侧下沉，互相对应并互为景观。台阶处的细部花纹前后衔接、对应。高高的围墙上，亦是各异的花钵，极富戏剧特色地点明了庭院中处处皆有的景观元素。

　栽植着春羽的赤陶罐沿着墙角按一定比例摆放，形成一种韵律和节奏感，更加突出庭园规则的格调。角落里的高大乔木打破庭园单调的横线，增强了垂直感，并把视引向庭园外面，起到借景的效果。

旅人蕉
春羽

私家庭院设计／欧式风格

PRIVATE GARDEN DESIGN/EUROPEAN STYLE

Venice 27-1

威尼斯27-1

Location: Nanjing，China　**Courtyard area:** 100 m²
Design units: Nanjing QinYiYuan Lanscape Design Co.Ltd
项目地点： 中国 南京　**占地面积：** 100平方米
设计单位： 南京沁驿园景观设计艺术中心

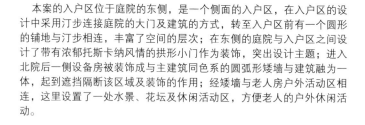

　　本案的入户区位于庭院的东侧，是一个侧面的入户区，在入户区的设计中采用汀步连接庭院的大门及建筑的方式，转至入户区前有一个圆形的铺地与汀步相连，丰富了空间的层次；在东侧的庭院与入户区之间设计了带有浓郁托斯卡纳风情的拱形小门作为装饰，突出设计主题；进入北院后一侧设备房被装饰成与主建筑同色系的圆弧形矮墙与建筑融为一体，起到遮挡隔断该区域及装饰的作用；经矮墙与老人房户外活动区相连，这里设置了一处水景、花坛及休闲活动区，方便老人的户外休闲活动。

花坛里的植物不够丰富，养护欠佳，因而没能很好地起着装饰和映衬作
可在花坛里种植多年生的宿根花卉或用盆栽的时令花卉装点在花台上。

棕榈
南天竺
常春藤
春羽
一叶兰

私家庭院设计／欧式风格

PRIVATE GARDEN DESIGN/EUROPEAN STYLE

Venice Town 40

威尼斯水城40

Location: Nanjing，China　**Courtyard area:** 80 m²
Design units: Nanjing QinYiYuan Lanscape Design Co.Ltd
项目地点：中国 南京　**占地面积：** 80平方米
设计单位：南京沁驿园景观设计艺术中心

　　本案的装饰材质体现了清新、明快、质朴的装饰效果，突出了美式田园的风格特征，木色的廊架及花架等装饰造型突出了这种风格的特点，红砖装饰与木色的涂料形成强烈的色彩对比，通过这些细节的点缀突出了清新宜人的环境氛围；点缀在不同角落的装饰小品调节了空间气氛，突出了休闲、舒适的设计思想。

　　运用材质的特征来突出设计的风格，并保证庭院与建筑风格的一致性是本案设计的又一亮点。任何一种设计的风格都有其系统的材料作为表达的语言，材质的色彩及肌理效果既可反映这种形式，同时也可营造统一形象，避免视觉元素的混乱。

木质拱门上左右各悬挂着一盆常春藤，其枝蔓自然垂下，随风摇摆，起着淡淡的装饰作用。也可再种植一些攀援植物，如藤本月季、凌霄、铁线莲等，让其攀爬在廊架上，或繁花满枝，或芳香扑鼻，或叶色斑驳，形成一个生机盎然、充满吸引力的入口空间。

常春藤
一叶兰

私家庭院设计／欧式风格

PRIVATE GARDEN DESIGN/EUROPEAN STYLE

Xiangbige
香碧歌庄园

Location: Chengdu，China　**Courtyard area:** 900 m²
Design units: ShenzhenHLCA PTY.Ltd.
项目地点：中国 成都　**占地面积**：900平方米
设计单位：深圳市吉相合景观设计有限公司

　　景观采用现代法式的设计风格,既保留了传统法式园林的辉煌、整齐、大气的贵族气质，又摒弃了其对于细节的过分繁复表现。设计中将景观与庄园内欧式建筑完美相融，呈现在大家眼前的是一组华贵、典雅的现代法式园林。平整有序的石材铺地、简洁的铁艺扶手、凹凸的条石墙面等更显现出景观处处皆为细节的特点。

修剪整齐的海桐突出了台阶的层次感，并把视线引向台阶的尽头，彩叶草和其他草本植物丰富了花台的的色彩，也为道路的景色增加趣味。

银杏
海芋
月季
海桐
细叶美女樱
彩叶草

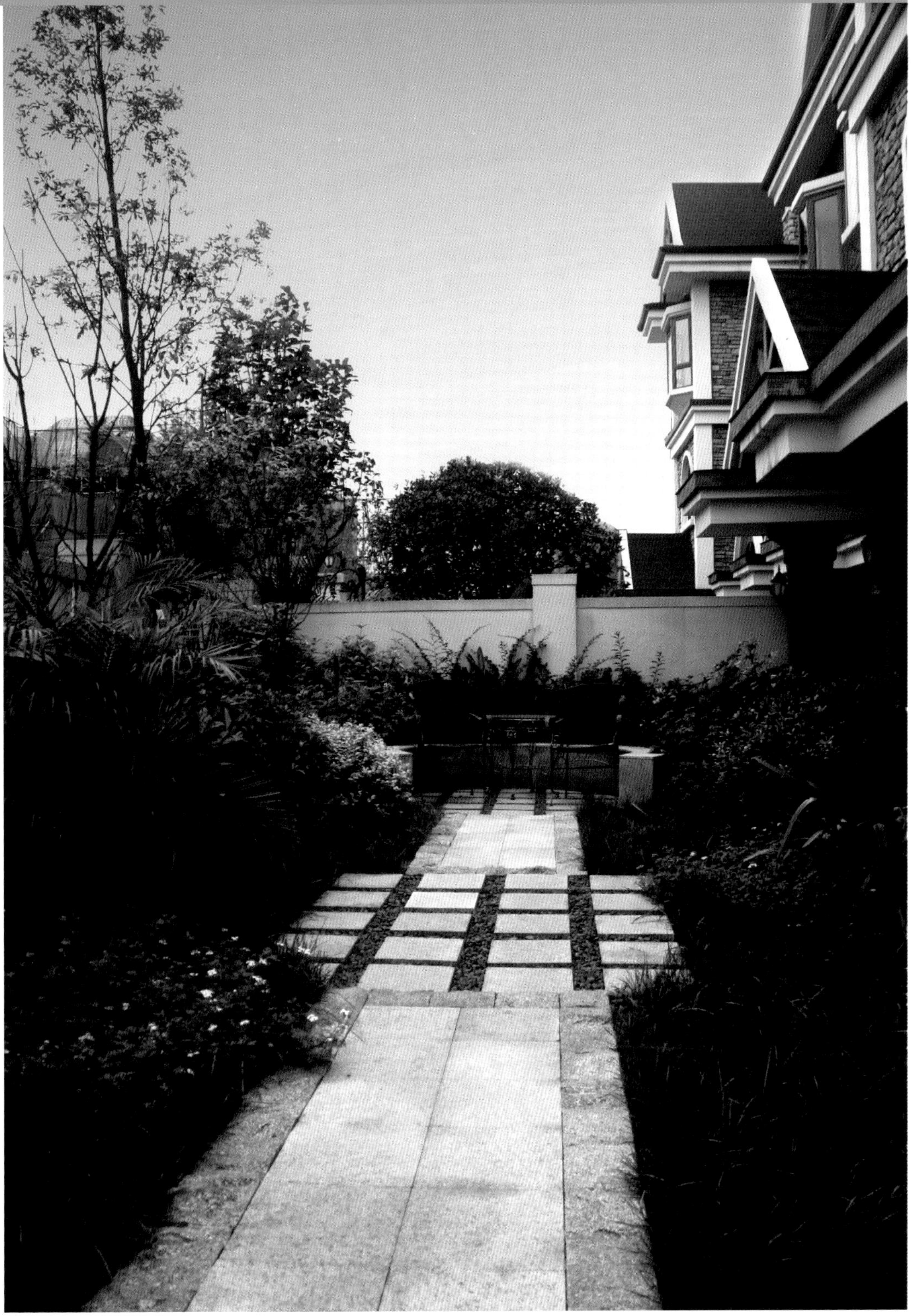

New Sun International Health Town

新太阳国际养生城

Location: Suzhou，China　**Courtyard area:** 500 m²
项目地点： 中国 苏州　　**占地面积：** 500平方米

景亭对应一处跨水而过的木桥，让庭院景观得以沿桥而延续。景亭在形式上则与远处建筑形式相呼应。院落中石质古灯沿路而设，亦增加不少看点。

庭园中多以观叶灌木为主，使整体呈现出一种宁静、祥和的氛围。背景中高大的乔木在垂直方向上形成强烈的视觉冲击，其柱状的树形与门廊的立柱遥相呼应。

桂花
柑橘
紫藤
小叶女贞
红枫
红花酢浆草

A Private Garden of Agile

雅居乐某私家花园

Location: Guangzhou，China **Courtyard area:** 658 m²
Design units: SJDESIGN
项目地点：中国 广州   **占地面积**：658平方米
设计单位：广州·德山德水· 园林景观设计有限公司 广州 · 森境园林·园林景观工程有限公司

　　花园的东园和南园在设计上以追求自然山野之风为设计的主题。在草坪空间中以巨大的山石作为路径的铺装形成了震撼的视觉效果。这些山石延续到水景的泊岸以及庭院的造景之中，在视觉空间中形成疏密有致的点状分布，这些景观与高大的乔木共同构成了山间大宅的奢华感。

　　本案园林的设计对烘托建筑的大气与奢华起到了映衬的作用，大面积的草皮在庭院的设计中为欣赏建筑本身留出了开阔的空间，大的山石与草皮形成了强烈的材质与肌理对比效果，为烘托整体的奢华感起到了关键作用，同样高大的乔木与低矮灌木和草皮形成的反差也有异曲同工之效。

　盛开的菊花、月季和南非万寿菊自然匍匐在石头边缘，使石头坚硬轮廓变得柔和，同时，植物轻盈的姿态和石头的厚重又形成非常戏化的对比，为这组石头小品增加了无限意趣。

月季
柚
南非万寿菊
菊花

私家庭院设计/欧式风格

PRIVATE GARDEN DESIGN/EUROPEAN STYLE

Palm Garden

棕榈园

Location: Guangzhou，China **Courtyard area:** 520 m²

Design units: SJDESIGN

项目地点：中国 广州 **占地面积：**520平方米

设计单位：广州·德山德水· 园林景观设计有限公司 广州 · 森境园林·园林景观工程有限公司

　　设计中以植物造景为主，充分利用了植物的多样性，同时注重植物的季相和花期，创造出令人心旷神怡的景观环境。景观改造的目的是创造一系列有机联系，打造出活跃而又实用的室外空间，以满足当代的功能需求；改造的方案融入了一个水池，同时还要改善房屋最初建造时由于填挖土方平衡不良造成的侵蚀。景观建筑师与客户合作，制定设计理念，拟定设计方案，抓住景观的每一个细节，真实反映现代主义建筑思潮的精神气质的本质。除了美丽的橡树林之外，设计师对场地的每个部分都进行了改造。

加拿利海枣树形优美而舒展，顶生着宽大而精致的叶片，很好地装点了建筑角隅和软化建筑轮廓，并同其下的花叶良姜和海桐球形成戏剧性的对比，构成一幅优美的组景。

加拿利海枣
花叶良姜
海桐